公路施工安全教育系列丛书——工种安全操作
本书为《公路施工安全视频教程》配套用书

混凝土工
安全操作手册

广 东 省 交 通 运 输 厅 组织编写
广东省南粤交通投资建设有限公司
中铁隧道局集团有限公司 主 编

人民交通出版社股份有限公司
China Communications Press Co.,Ltd.

内 容 提 要

本书是《公路施工安全教育系列丛书——工种安全操作》中的一本，是《公路施工安全视频教程》（第五册　工种安全操作）的配套用书。本书主要介绍混凝土工安全作业的相关内容，包括：混凝土工简介，混凝土工岗位职责及安全风险，混凝土工基本要求，混凝土工作业要求及安全注意事项，爆模应急处置措施等。

本书可供混凝土工使用，也可作为相关人员安全学习的参考资料。

图书在版编目(CIP)数据

混凝土工安全操作手册/广东省交通运输厅组织编写；广东省南粤交通投资建设有限公司，中铁隧道局集团有限公司主编．— 北京：人民交通出版社股份有限公司，2018.12

ISBN 978-7-114-15033-3

Ⅰ．①混…　Ⅱ．①广…　②广…　③中…　Ⅲ．①混凝土施工—安全技术—手册　Ⅳ．①TU755-62

中国版本图书馆 CIP 数据核字(2018)第 226230 号

Hunningtugong Anquan Caozuo Shouce

书　　名：混凝土工安全操作手册
著 作 者：广东省交通运输厅组织编写
广东省南粤交通投资建设有限公司　中铁隧道局集团有限公司主编
责任编辑：韩亚楠　崔　建
责任校对：张　贺
责任印制：刘高彤
出版发行：人民交通出版社股份有限公司
地　　址：(100011)北京市朝阳区安定门外外馆斜街 3 号
网　　址：http://www.ccpress.com.cn
销售电话：(010)59757973
总 经 销：人民交通出版社股份有限公司发行部
经　　销：各地新华书店
印　　刷：北京建宏印刷有限公司
开　　本：880×1230　1/32
印　　张：1.5
字　　数：41 千
版　　次：2018 年 12 月　第 1 版
印　　次：2022 年 11 月　第 3 次印刷
书　　号：ISBN 978-7-114-15033-3
定　　价：15.00 元

编委会名单

EDITORIAL BOARD

致工友们的一封信

LETTER

亲爱的工友：

你们好！

为了祖国的交通基础设施建设，你们离开温馨的家园，甚至不远千里来到施工现场，用自己的智慧和汗水将一条条道路、一座座桥梁、一处处隧道从设计蓝图变成了实体工程。你们通过辛勤劳动为祖国修路架桥，为交通强国、民族复兴做出了自己的贡献，同时也用双手为自己创造了美好的生活。在此，衷心感谢你们！

交通建设行业是国家基础性和先导性行业，也是安全生产的高危行业。由于安全意识不够、安全知识不足、防护措施不到位和违章操作等原因，安全事故仍时有发生，令人非常痛心！从事工程施工一线建设，你们的安全牵动着家人的心，牵动着广大交通人的心，更牵动着党中央及各级党委、政府的心。为让工友们增强安全意识，提高安全技能，规范安全操作，降低安全风险，保证生产安全，我们组织开发制作了以动画和视频为主要展现形式的《公路施工安全视频教程》（第五册　工种安全操作），并同步编写了配套的《公路施工安全教育系列丛书——工种安全操作》口袋书。全套视频教程和配套用书梳理、提炼了工种操作与安全生产相关的核心知识和现场安全操作要点，易学易懂，使工友们能知原理、会工艺、懂操作，在工作中做到保护好自己和他人不受伤害。

请工友们珍爱生命，安全生产；祝福你们身体健康，工作愉快，家庭幸福！

广东省交通运输厅

二〇一八年十月

目录

CONTENTS

1 PART 混凝土工简介

1.1 混凝土工定义

混凝土工是将混凝土浇筑成构件、建筑物、构筑物的人员。

混凝土浇筑

预制梁

楼房

洞门

桥墩

1.2 混凝土简介

(1)混凝土是由水泥或其他胶凝材料、粗细集料和水等按一定配合比搅拌而成的,先可塑后硬化的一种结构材料。

水泥

石膏粉

粗集料

细集料

水

(2)根据施工需求可另加掺和料或外加剂。

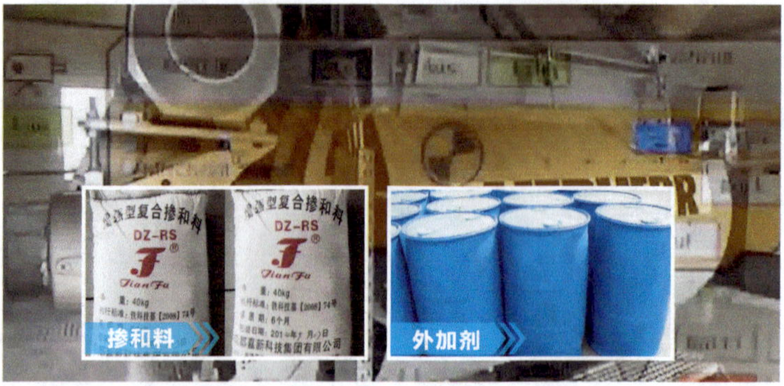

掺和料
外加剂

(3)公路工程常用的水泥主要有硅酸盐水泥、普通硅酸盐水泥。

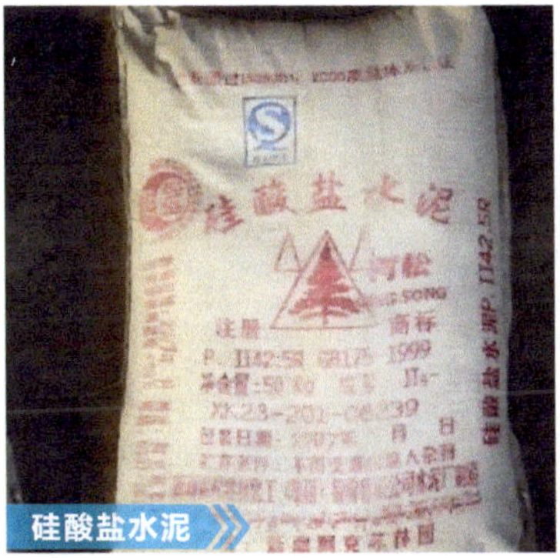

硅酸盐水泥

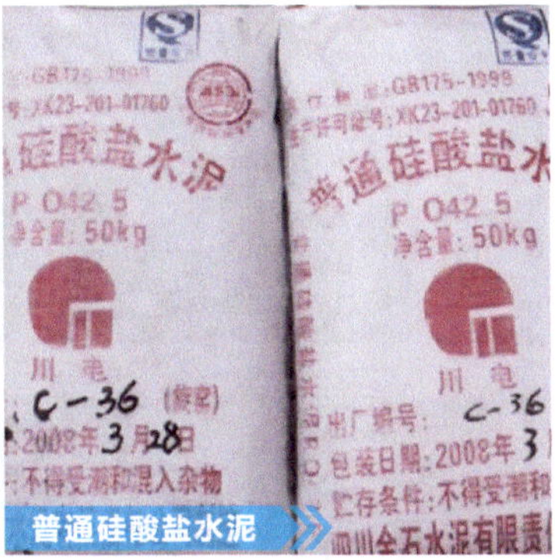

普通硅酸盐水泥

(4)集料一般选用级配良好、质地坚硬、吸水率低的碎石、卵石、河沙、机制砂等。

碎石

卵石

河沙

机制砂

(5)拌制混凝土宜采用饮用水；常用的掺和料有粉煤灰、磨细矿渣、硅灰等。

饮用水

粉煤灰

磨细矿渣

硅灰

(6)常用的外加剂有减水剂、速凝剂、早强剂、缓凝剂等。

减水剂

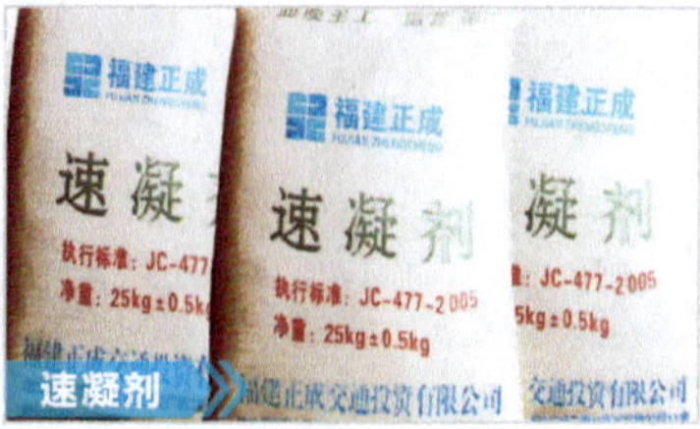

速凝剂

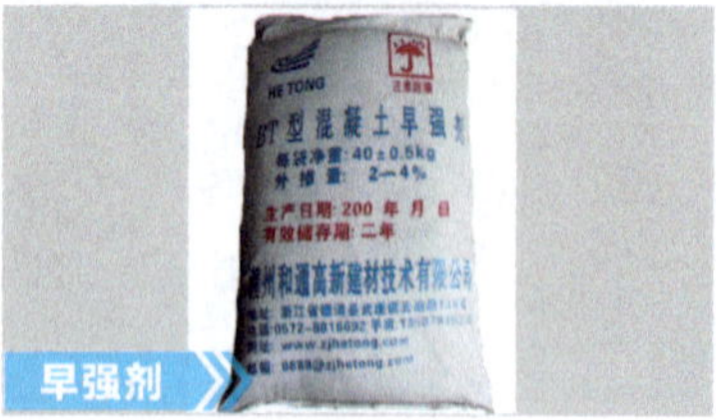

早强剂

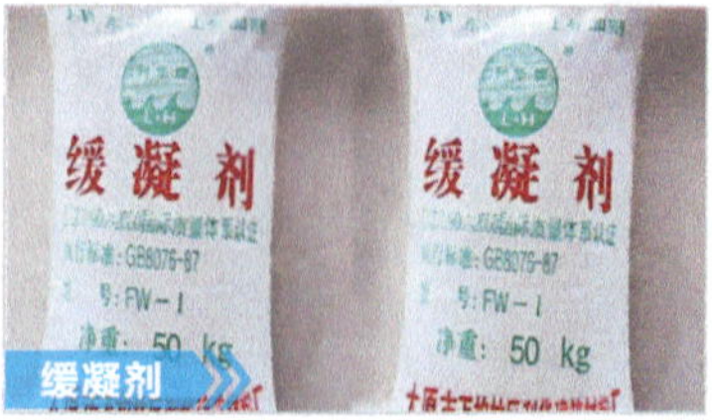

缓凝剂

(7)混凝土根据胶凝材料的不同分为无机胶凝材料混凝土和有机胶凝材料混凝土。

混凝土分类表

名　称	分　类
无机胶凝材料混凝土	石灰硅质胶凝材料混凝土、硅酸盐水泥系混凝土、钙铝水泥系混凝土、石膏混凝土、镁质水泥混凝土、硫黄混凝土、水玻璃氟硅酸钠混凝土、金属混凝土等
有机胶凝材料混凝土	沥青混凝土、聚合物水泥混凝土、树脂混凝土、聚合物浸渍混凝土等

(8)公路工程施工常用的为水泥混凝土、沥青混凝土。

水泥混凝土

沥青混凝土

(9)混凝土一般采用搅拌站集中生产,混凝土搅拌车运输。

(10)浇筑混凝土时采用串筒、溜槽、导管、输送泵、料斗等。

串筒

溜槽

导管

输送泵

输送泵

料斗

(11)振捣设备主要有附着式振捣器、插入式振捣器、平板振捣器、振捣梁。

(12)收面一般使用抹子、抹光机等。

2 PART 混凝土工岗位职责及安全风险

2.1 混凝土工岗位职责

（1）严格按照混凝土施工安全操作规程及技术交底规范施工。

（2）根据作业内容及所处作业环境规范佩戴防护用品。

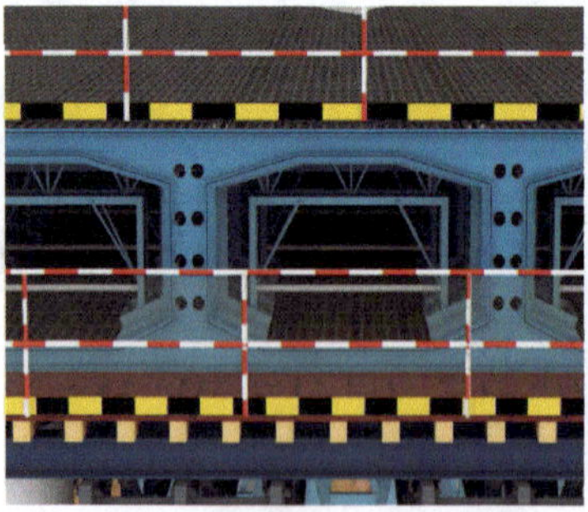

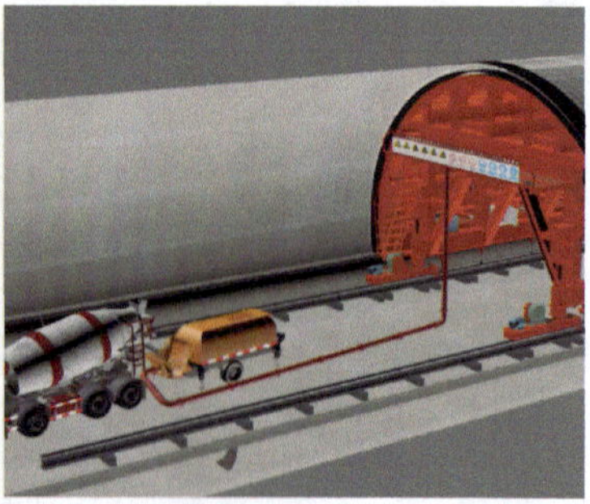

(3)遵守项目规章制度，对违章指挥、强令冒险作业有权拒绝，对他人的违章操作要加以劝阻和制止。

(4)做好施工机具的维护保养。

2.2 混凝土工作业风险分析

混凝土工作业过程中存在的主要风险有机械伤害、触电、高处坠落、模板支架坍塌、职业病等。

机械伤害

触电

高处坠落

模板支架坍塌

职业病

3 PART 混凝土工基本要求

(1)必须经入场安全教育培训并考试合格后方可上岗。

(2)年满 18 周岁不超过 55 周岁且身体健康。

4 PART 混凝土工作业要求及安全注意事项

4.1 材料存放

(1)袋装水泥及外加剂应存放在库房内;水泥要堆码整齐且高度不超过10袋,与墙和地面的距离应大于30cm,底部铺设防潮垫层或方木。

(2)粗细集料堆放场所必须全部硬化且有防雨措施,不同种类分仓堆放并设置材料标识牌,场地需定期清扫,避免材料二次污染。

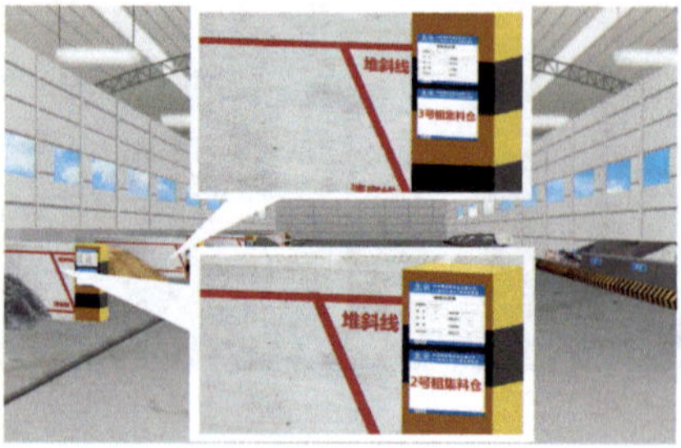

4.2 混凝土生产及运输

(1)混凝土结构施工应采用预拌混凝土;零星、少量的低强度等级塑性混凝土可使用小型搅拌机或人工按照配合比拌和。

(2)搅拌机料斗提升时严禁作业人员在料斗下停留或经过,当需要在料斗下方进行清理或者检修时应将料斗提升至上止点并用保险销锁牢。

(3)使用小推车运输时不得猛推或撒把卸料,并及时清扫遗撒在路面上的混凝土。

(4)混凝土运输应采用混凝土搅拌运输车,在运输途中及等候卸料时应保持搅拌运输车罐体正常转速,卸料前应采用快挡旋转罐体不少于20s。

(5)作业完毕,应将搅拌机料斗降至最低并切断电源。

4.3 混凝土浇筑

(1)浇筑混凝土前,应清除模板内或垫层上的杂物。

(2)表面干燥的地基、垫层、模板上应洒水湿润。

(3)对模板、支架、钢筋、预埋件进行检查,发现问题及时处理。

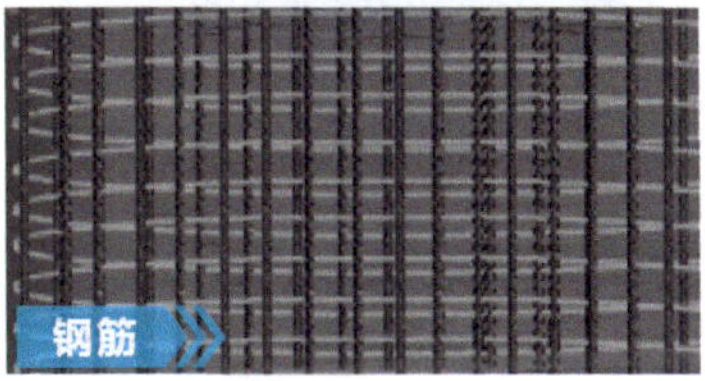

(4)夏季天气炎热时混凝土入模温度不宜超过28℃,模板、钢筋及周边环境温度不得超过40℃。

(5)当室外日平均气温连续5d稳定低于5℃时混凝土施工必须按照冬期施工方案进行,混凝土入模温度不得低于5℃。

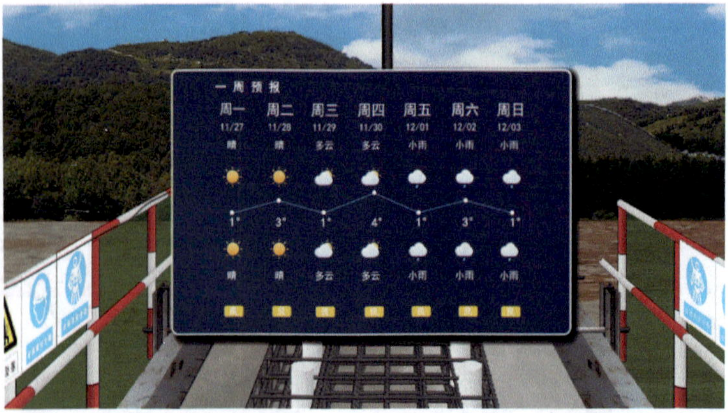

(6)混凝土浇筑的布料点应接近浇筑位置,浇筑区域结构平面有高差时应先浇筑低区部分,再浇筑高区部分。

(7)自高处向模板内倾卸混凝土时,当混凝土自由倾落高度大于2m应加设串筒、溜槽等装置,防止混凝土离析。

(8)在出料口下方混凝土的堆积高度不得超过1m,严禁用振动棒分摊混凝土。

(9)混凝土应分层浇筑,分层浇筑厚度应符合规范要求,上层混凝土应在下层混凝土初凝之前浇筑完毕。

混凝土分层浇筑厚度

捣实方法		浇筑层厚度(mm)
用插入式振动器		300
用附着式振动器		300
用表面振动器	无筋或配筋稀疏时	250
	配筋较密时	150
人工捣实	无筋或配筋稀疏时	200
	配筋较密时	150

注：表列规定可根据结构物和振捣器型号等情况适当调整。

(10)混凝土运输、输送入模的过程应保证混凝土连续浇筑。

运输、输送入模及间歇的总时间(min)		
条件	气温	
	≤25℃	>25℃
不掺外加剂	180	150
掺外加剂	240	210

(11)从运输到输送入模及浇筑完成的时间限制应符合相关规范要求。

运输到输送入模的延续时间(min)		
条件	气温	
	≤25℃	>25℃
不掺外加剂	90	60
掺外加剂	150	120

(12)掺早强型减水剂、早强剂的混凝土通过试验确定允许时间。

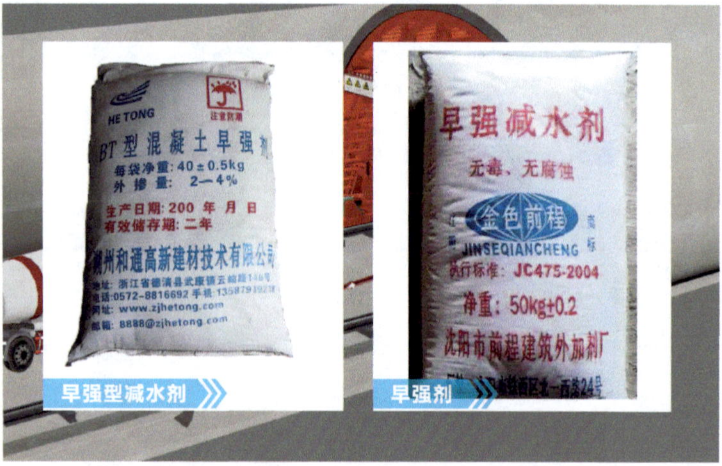

早强型减水剂　早强剂

试验

(13)混凝土浇筑期间应设专人检查支架、模板、钢筋、预埋件的稳定情况。

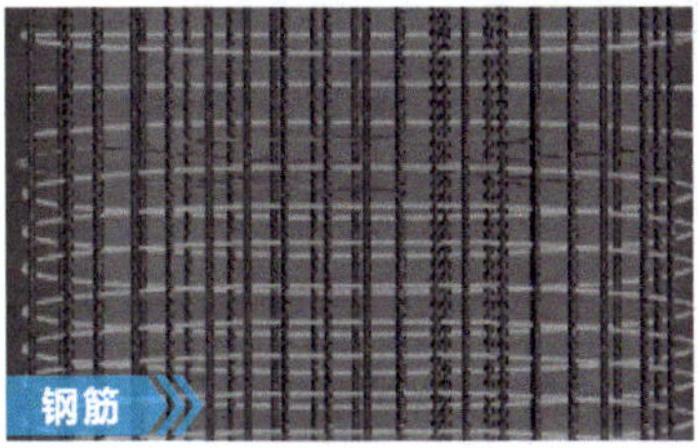

(14)现浇梁、墩台等混凝土一般采用泵车浇筑。

①软管末端不得没入混凝土中。

②严禁延长、弯曲末端软管。

③在建筑物边缘作业时应搭建稳固的作业平台,作业人员系安全带,软管应使用绳子牵引。

(15)隧道二次衬砌混凝土浇筑一般使用输送泵，敷设垂直向上的管道时，垂直管不得直接与泵的输出口连接。

(16)应在泵与垂直管之间敷设长度不小于15m的水平管，管路要固定牢固。

(17)二次衬砌混凝土浇筑时台车两侧对称分层灌注，左右高差不大于50cm，水平分层厚度不大于50cm。

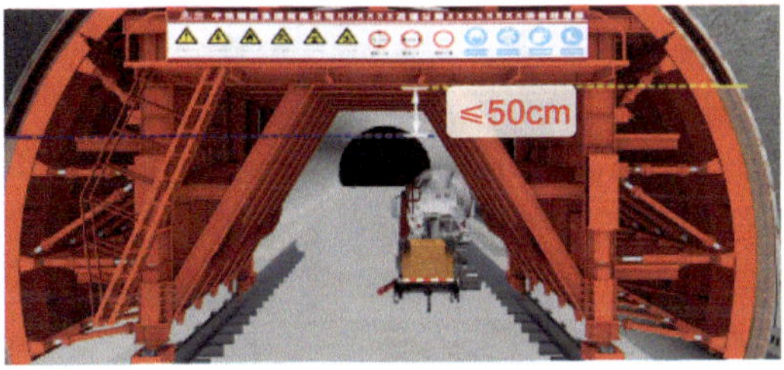

(18)泵送前应向料斗加入适量清水和水泥砂浆润滑输送泵及管道。

(19)作业时不得取下料斗上的筛网，人不得站在料斗边缘。

(20)清理泵管时管道前端10m内不得站人。

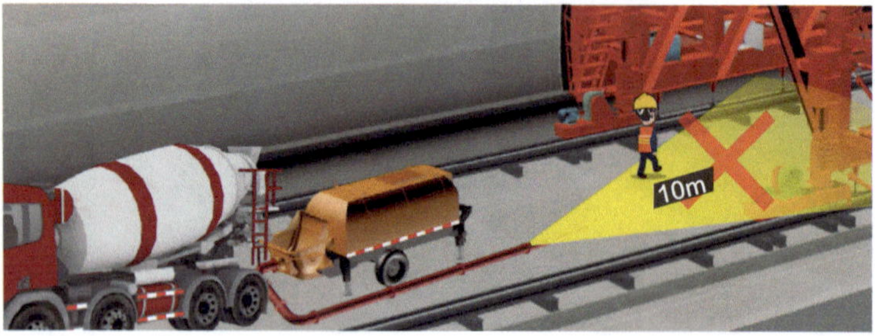

(21)浇注水下混凝土时应使用导管,浇注应保持连续;提升导管时要居中、均匀、慢速;安装、拆除导管时料斗要吊装稳固,下部导管限位牢固安全。

(22)使用吊斗灌注混凝土应设专人指挥起吊、运料、卸料,人员车辆不得在吊斗下停留,不得攀爬吊斗。

(23)混凝土构件成型后,在强度达到 1.2MPa 前不得在构件上踩踏。

(24)强度达到 2.5MPa 前不使其承受行人、运输工具、模板、支架等荷载。

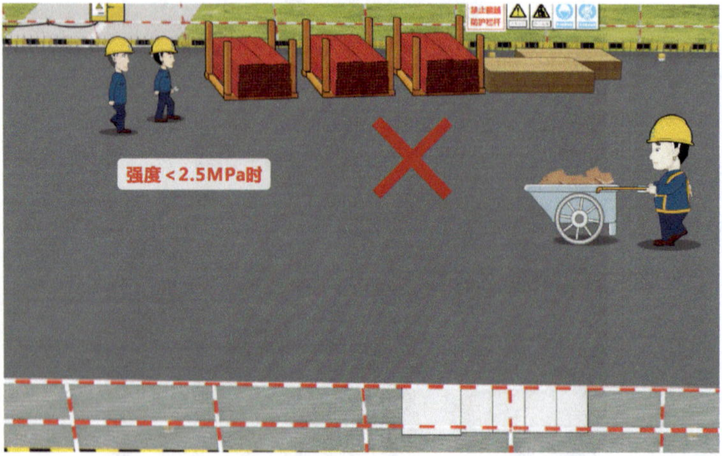

（25）混凝土外观质量缺陷应按照缺陷修补方案修补，严禁作业人员擅自乱涂乱抹。

缺陷一 露筋

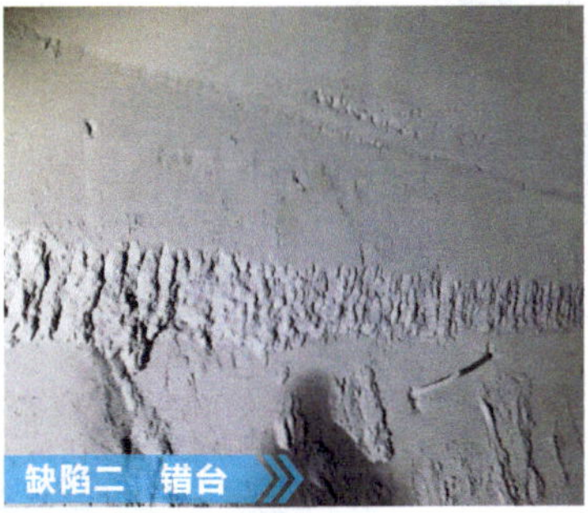

缺陷二 错台

缺陷三 蜂窝麻面

缺陷四 裂缝

4.4 混凝土振捣

（1）振捣器的接线、绝缘应满足要求，电源线的长度不应大于30m，严禁强行拉扯电缆。

（2）作业完毕及时切断电源。

(3)插入式振捣器常用于厚度较大的钢筋骨架结构振捣，分层浇筑振捣时前端应插入下层混凝土5～10cm，与侧模应保持5～10cm的距离。

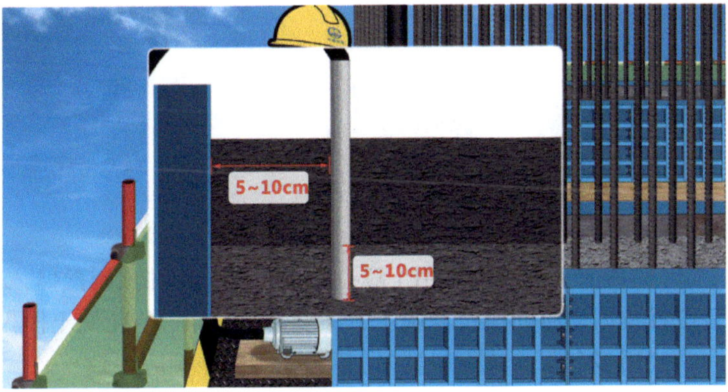

(4)软管弯曲半径不得小于50cm，振捣时应避免振捣器碰触到模板及钢筋骨架。

(5)混凝土路面振捣一般使用振捣梁,作业时应设 2 人协同操作,振捣梁两侧前进速度要保持一致,偏位后及时进行调整。

(6)附着式振捣器常用于隧道二次衬砌及构件预制振捣,安装位置及振动时间应符合施工方案要求,在同一个混凝土模板同时使用多台附着式振捣器时,各振捣器的振频应一致。

附着式振捣器振捣要求	
振捣时间	根据拌和物稠度和振捣部位等不同情况,控制在 10s、30s 内,当混凝拌和物表面出现泛浆,基本无气泡逸出,可视为捣实
振捣器位置	设置间距及位置应根据构造物形态及振捣器性能并通过试验确定

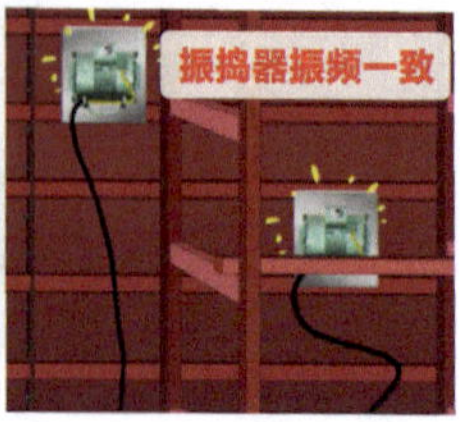

(7)常用的养护方式有洒水养护、覆盖保湿养护、蓄热养护、蒸汽养护、电热养护。

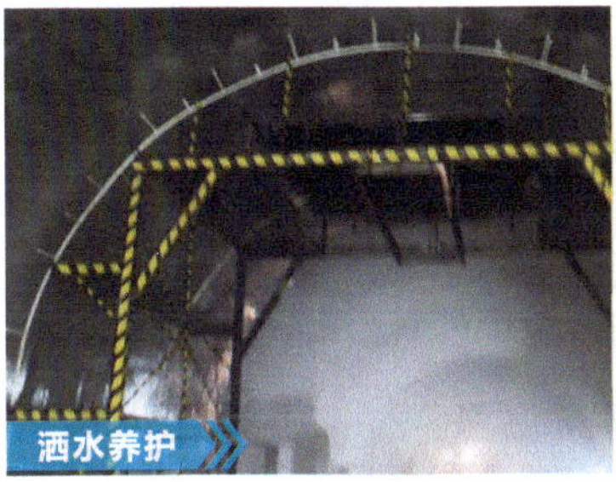

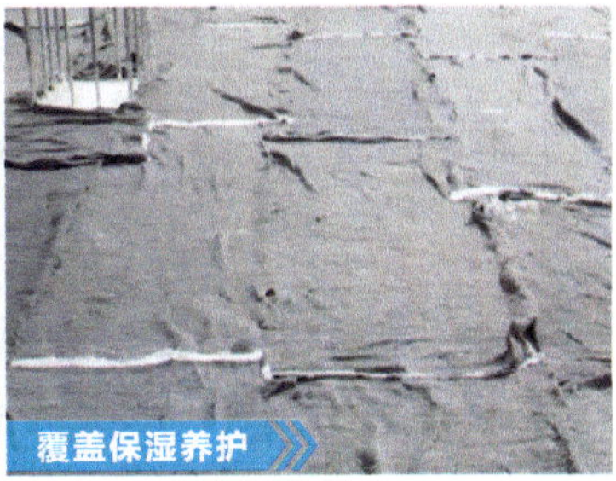

(8)养护时间应符合施工方案要求。

混凝土养护时间表

混凝土类别	保湿养护时间
硅酸盐水泥、普通硅酸盐水泥或矿渣硅酸盐水泥配制的混凝土	≥7d
缓凝型外加剂、大掺量矿物掺和料配制的混凝土	≥14d
抗掺混凝土、强度等级 C60 及以上的混凝土	
后浇带混凝土	

(9)洒水养护时,应对周围配电箱和电气设备进行遮挡,每天的洒水次数以能保持混凝土表面经常处于湿润状态为准。

(10)覆盖养护时,预留孔洞周围应设置安全护栏及安全警示标志;平面结构混凝土宜采用塑料薄膜覆盖养护,混凝土全部表面应覆盖严密,并应保持膜内有凝结水。

(11)冬期混凝土养护一般采用蓄热法、电热法及蒸汽法。

蓄热养护

电热养护

蒸汽养护

（12）电热及蒸汽养护时应设置安全警戒措施，无关人员不得进入养护区域。

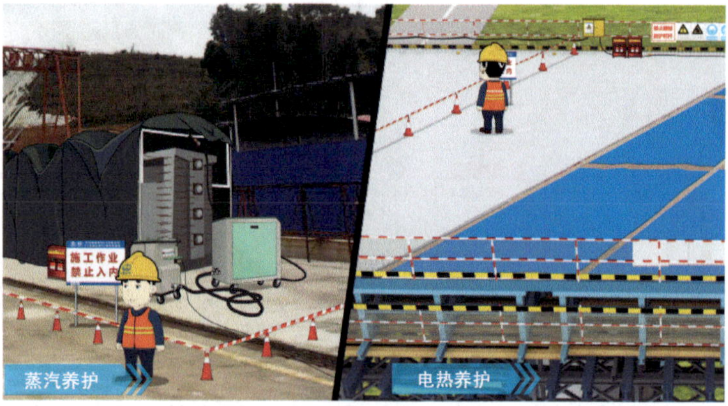

（13）蓄热及电热养护时作业点要设置消防器材。

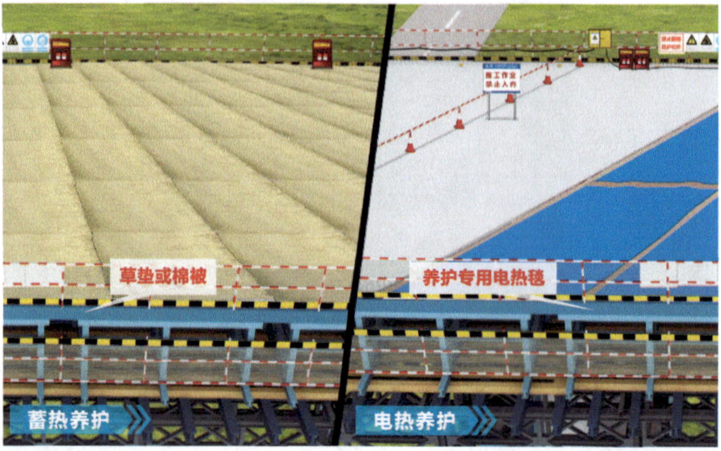

5 PART 爆模应急处置措施

(1)当模板支架轻微偏移或发出响声时应停止混凝土浇筑,对模板支架进行检查加固,对漏浆处进行封堵,发现无异常继续进行浇筑,同时加强观测。

(2)当模板支架偏移严重或局部脱落垮塌时,作业人员应立即撤离现场。

(3)同时通知现场管理人员对模板支架进行监测及风险评估,并根据情况采取处理措施。

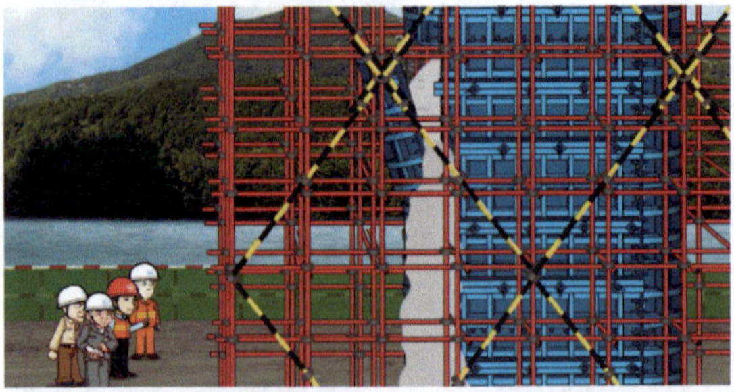

混凝土工安全口诀

浇筑之前要检查　爆模坍塌很可怕

倾落高度超两米　溜槽串筒要用起

分层浇筑并振捣　筑面泛浆不冒泡

浇完养护须牢记　洒水覆盖及蒸汽